科普知识绘本

白蚁分飞之旅

南宁市白蚁防治所　著
出离　绘

广西科学技术出版社
·南宁·

图书在版编目（CIP）数据

白蚁分飞之旅 / 南宁市白蚁防治所著；出离绘. —
南宁：广西科学技术出版社，2024.6
（“神奇的昆虫”科普知识绘本）
ISBN 978-7-5551-2099-5

Ⅰ. ①白… Ⅱ. ①南… ②出… Ⅲ. ①等翅目—普及
读物 Ⅳ. ① Q969.29-49

中国国家版本馆 CIP 数据核字（2023）第 222106 号

BAIYI FENFEI ZHI LÜ

白蚁分飞之旅

南宁市白蚁防治所 著 出离 绘

主　　编：覃天乔　黄超福
执行主编：尹君君　毕　菲
编　　委：伍倍民　贾　豹　陆春文　梁　生　刘　芳　黄燕榕　段旭峰
　　　　　周政杰　黄　越　王　瑛　李梦华　周　君　刘治山
学术顾问：郑霞林

策　　划：赖铭洪
责任编辑：邓　霞　　　责任校对：冯　靖
美术编辑：梁　良　　　责任印制：陆　弟

出版人：梁　志　　　出版发行：广西科学技术出版社
社　址：广西南宁市东葛路66号　　　邮政编码：530023
网　址：http://www.gxkjs.com　　　编辑部电话：0771-5871673
印　刷：广西民族印刷包装集团有限公司

开　本：889 mm × 1194 mm　1/16
字　数：20千字　　　印　张：2.25
版　次：2024年6月第1版　　　印　次：2024年6月第1次印刷
书　号：ISBN 978-7-5551-2099-5
定　价：58.00元

白蚁是最古老的社会性昆虫之一，在地球上已存活2亿多年。它是大自然中高效降解纤维素的昆虫之一，同时也是杰出的“建筑师”。白蚁虽然个体小，形态原始，但巢群中具有多种不同品级的个体，它们各司其职、分工协作，组成了一个具有强大生命力的社会群体。

白蚁分飞是大自然中常见的现象，你知道白蚁是如何开启分飞之旅的吗？你知道白蚁为什么要分飞吗？让我们一起开启白蚁的分飞之旅，一探究竟吧。

哎呀，灯下有好多蚂蚁飞来飞去，好恐怖！

这些不是蚂蚁，是白蚁，它们正在分飞。

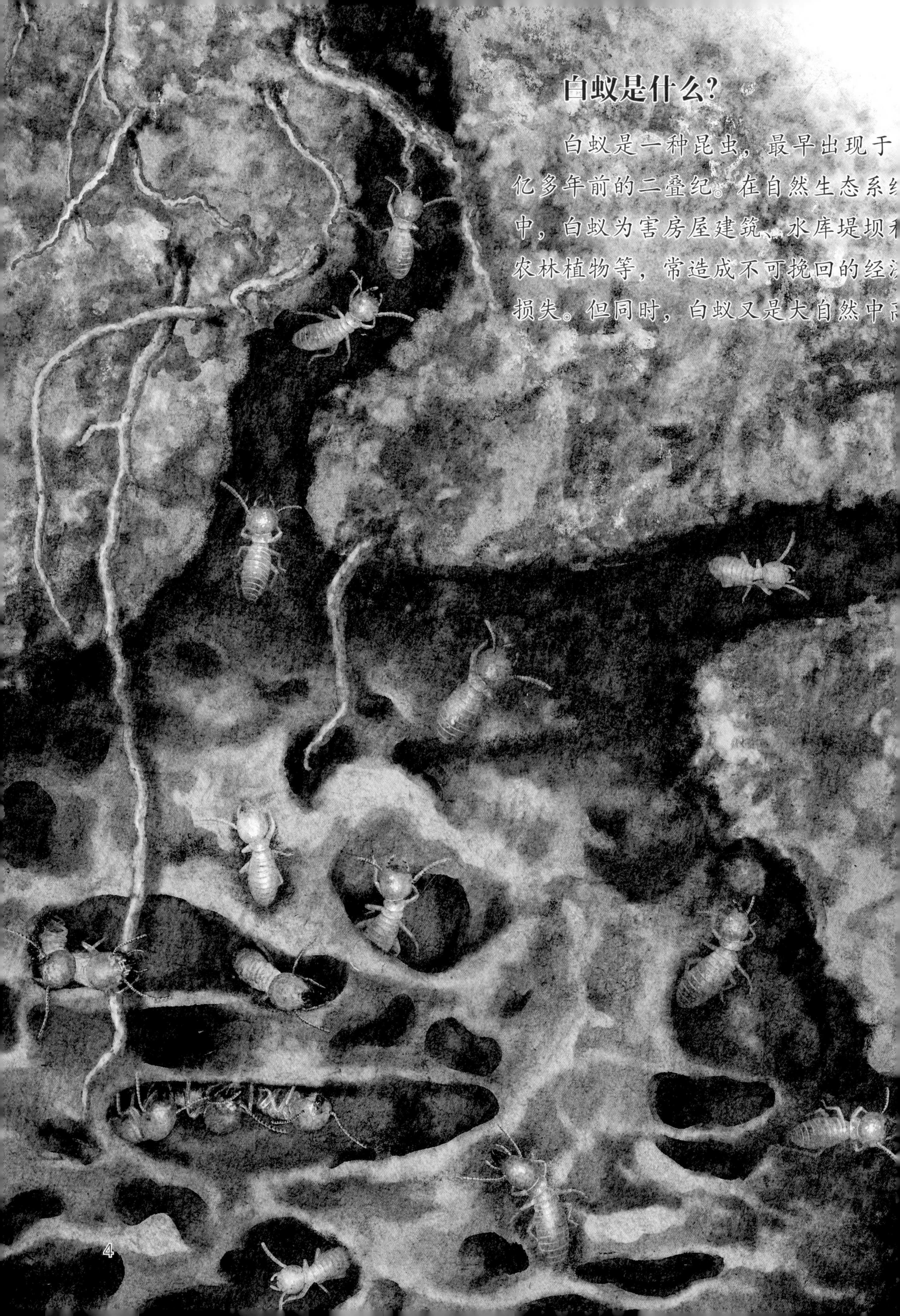

白蚁是什么?

白蚁是一种昆虫，最早出现于
亿多年前的二叠纪。在自然生态系
中，白蚁为害房屋建筑、水库堤坝
农林植物等，常造成不可挽回的经
损失。但同时，白蚁又是大自然中

效降解纤维素的昆虫之一，可帮助人类清理垃圾和净化环境。

白蚁就像我们人类一样，也是社会性动物之一。

人类的孩子长大成人后，会寻觅自己的另一半，并从爸爸妈妈身边独立出来，组建独立的幸福家庭。

白蚁的分飞也是“孩子长大成人”的标志，其目的就是寻找自己的“恋爱”对象，并与之一起组建属于自己的“家庭”。

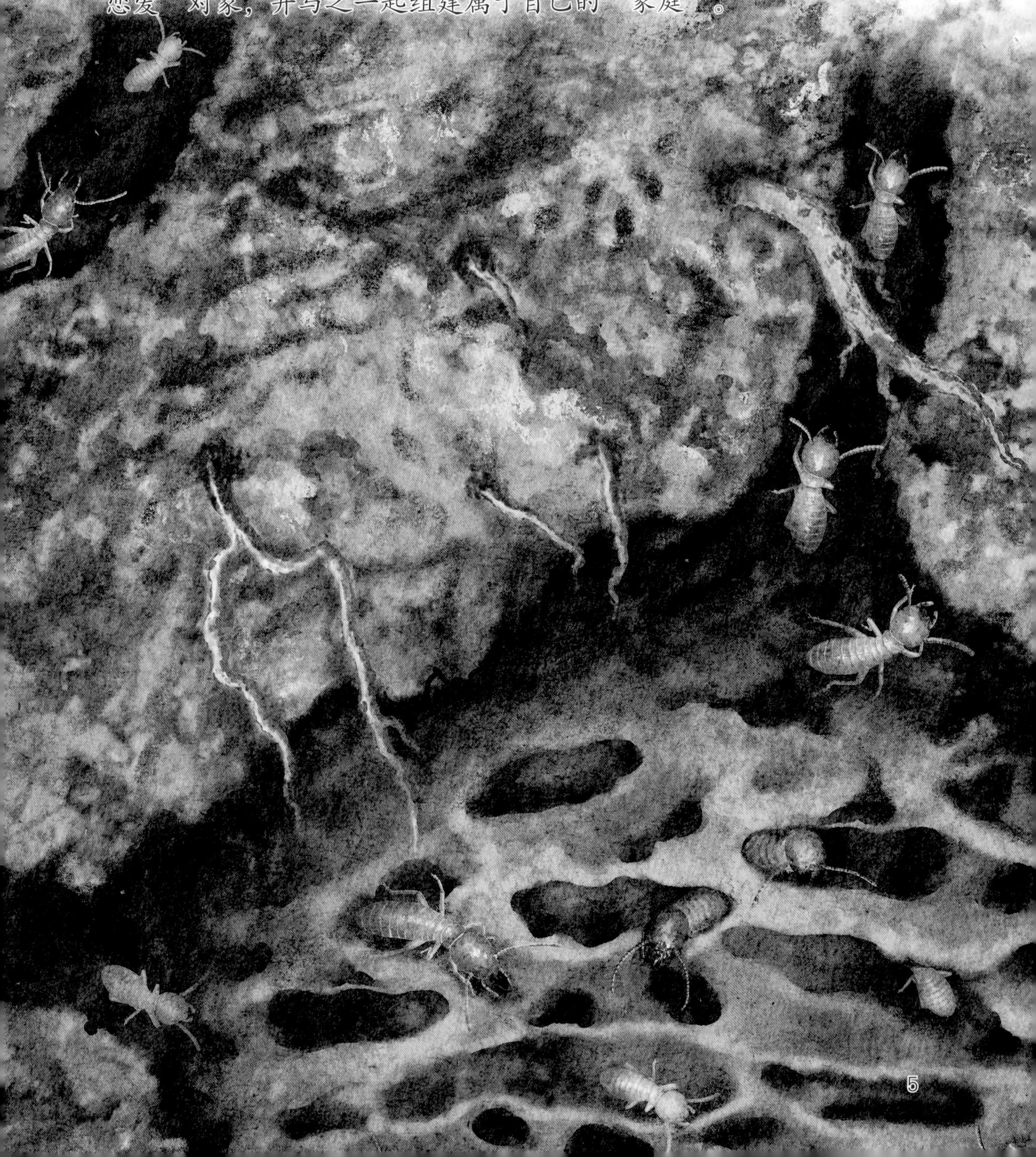

白蚁分飞又是什么?

白蚁分飞是成熟蚁巢中的有翅成虫在自然温度、湿度和气压等气候条件适宜时，出现的一种从巢体中群体飞出的行为。

大部分种类的白蚁分飞发生在傍晚和夜间。所以，我们在夜间灯下能看到大量白蚁分飞。实际上，这是白蚁趋光性的一种表现。

不过，在野外没有灯光的条件下，它们也一样会分飞，只是我们很少观察到而已。

白蚁一般在什么季节分飞？

不同种类的白蚁习性不同，分飞的季节也各不相同。

因为不同纬度地区的温度、湿度等气候条件差异较大，所以即使是相同种类的白蚁，因生活的地区不同，其分飞季节也会有很大差异。

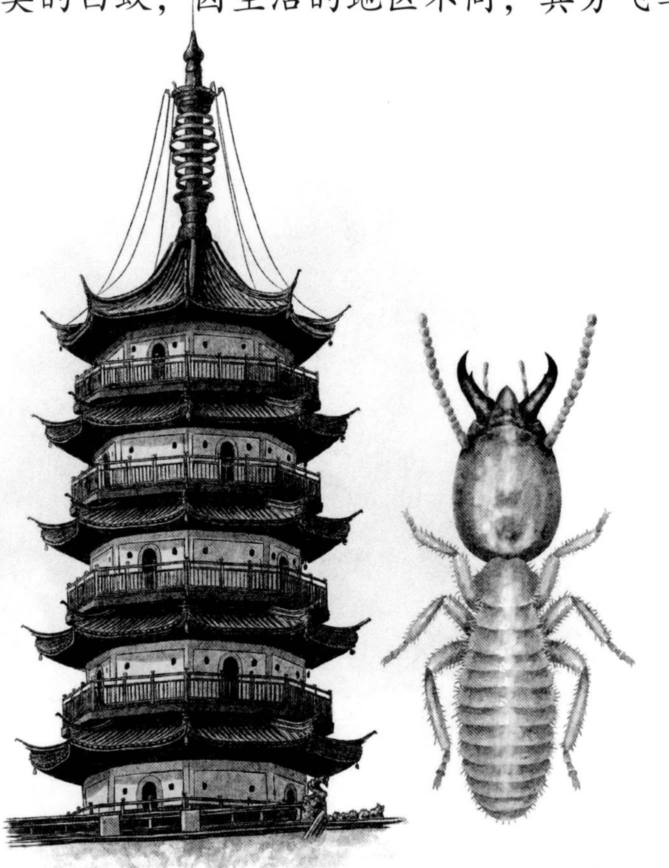

黑翅土白蚁

黑翅土白蚁在福建省泉州市、湖北省公安县和江苏省常州市金坛区每年的首次分飞时间一般分别在 3 月下旬、4 月下旬和 5 月中旬。

台湾乳白蚁

台湾乳白蚁在广西壮族自治区南宁市、浙江省丽水市、福建省泉州市和安徽省蚌埠市每年的首次分飞时间一般分别在 4 月下旬、4 月下旬、5 月下旬和 6 月下旬。

黑胸散白蚁

黑胸散白蚁在安徽省蚌埠市、浙江省丽水市和江苏省南通市每年的首次分飞时间一般都在 4 月下旬，而在四川省成都市的却出现在 3 月下旬。

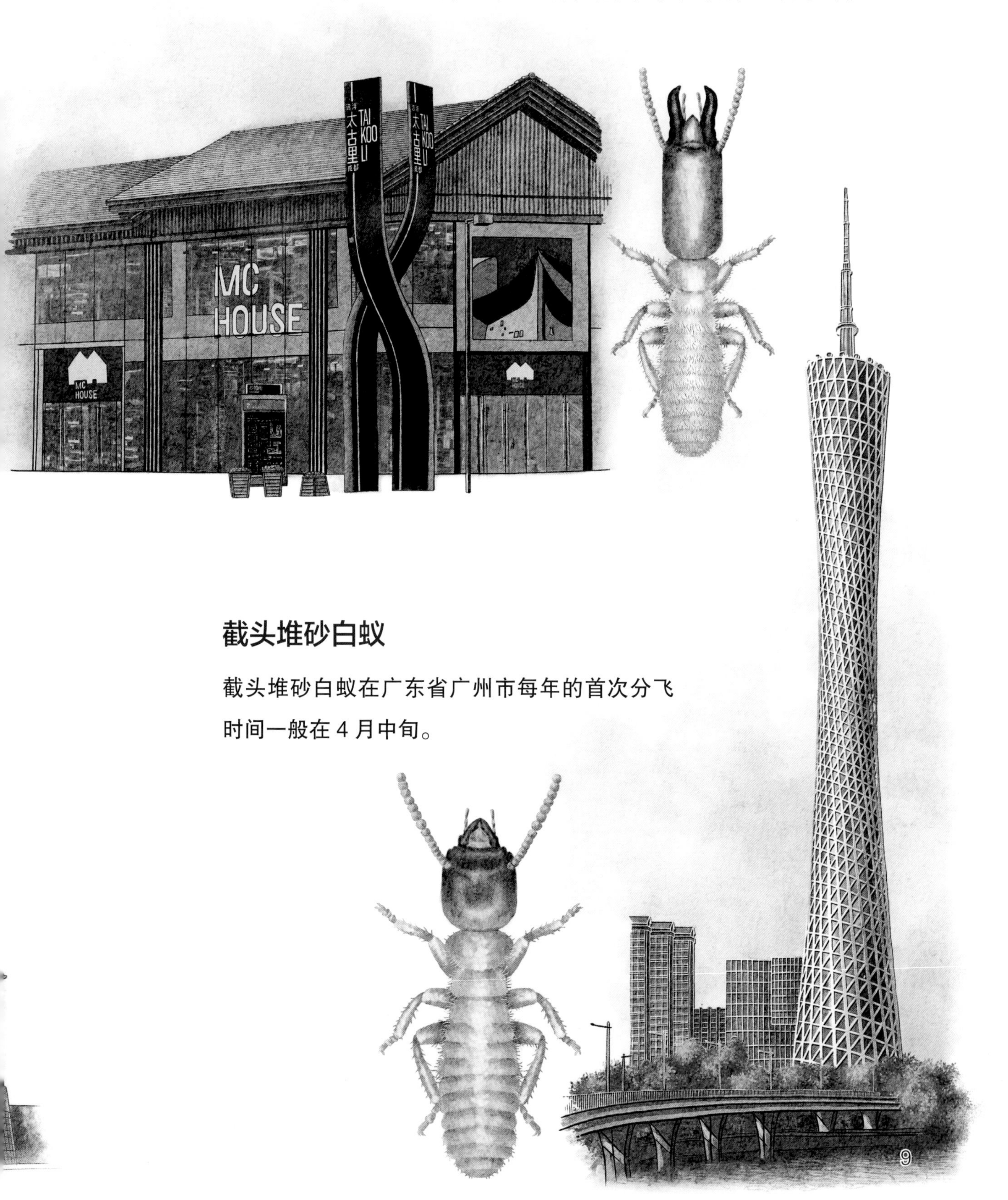

截头堆砂白蚁

截头堆砂白蚁在广东省广州市每年的首次分飞时间一般在 4 月中旬。

白蚁从哪里分飞呢？

这么多的白蚁是经由什么通道从巢体中分飞出来的呢？
它们是通过分飞孔飞出来的。
分飞孔是有翅成虫从巢体中分飞出来的唯一通道。

鸡枞菌

白蚁构筑蚁巢的同时培养了鸡枞菌的菌丝体，形成一个神奇的共生系统。

黄翅大白蚁的分飞孔一般凹入地面呈半月形。

黑翅土白蚁的分飞孔是凸起于地面的小土堆，扒开泥块，可以看见一些呈线条形或半月形的孔洞。

白蚁的分飞孔是什么样子的?

分飞孔是工蚁在成熟蚁巢上方或蚁巢附近为有翅成虫分飞而修筑的孔穴，是由泥土堆积而成的临时结构，一般呈扁平或隆起的圆锥体等形状。

然而，由于不同种类白蚁的习性不同，其建造的分飞孔形状也有很大差异。

这些形状各异的分飞孔是怎样建造出来的呢?

原来，在建造分飞通道的最后阶段，工蚁会于邻近地表处开一个小孔，并用唾液将小土粒黏结在一起，形成我们看见的形状各异的分飞孔。

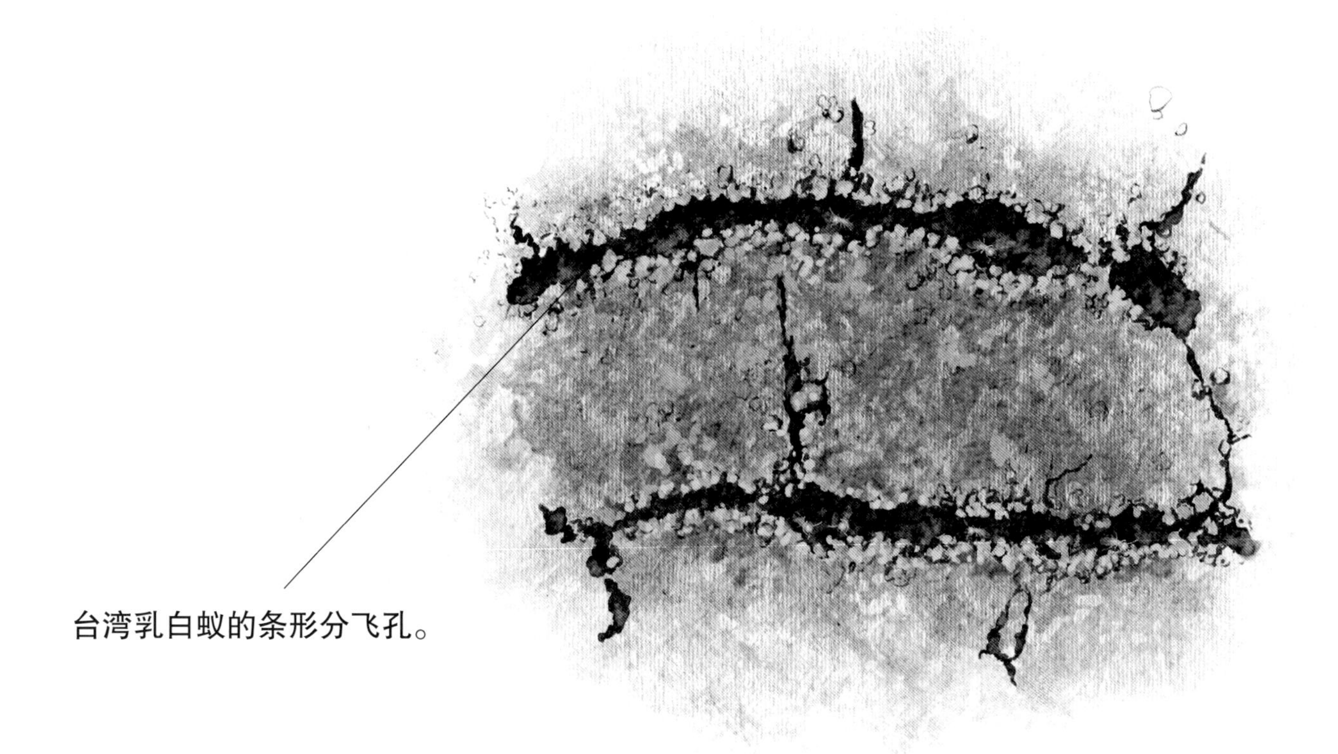

台湾乳白蚁的条形分飞孔。

有翅成虫会自己打开分飞孔吗？

不会的。

分飞是白蚁群体生活中的大事，全巢工蚁、兵蚁都要为之忙碌。当有翅成虫进入候飞室后，工蚁、兵蚁日夜守护在分飞

黑翅土白蚁在修筑分飞孔。

工蚁在搬运土块。

孔中。分飞前，工蚁会将堵在分飞孔处的土粒搬运进蚁道内，稍微打开一个小孔，伸出触角，对环境进行监测，等待环境条件适宜时送有翅成虫出巢。

分飞孔完全打开后，大量兵蚁爬至分飞孔周围形成圆形或椭圆形的保卫圈，工蚁退回巢内。

白蚁是如何从分飞孔分飞的呢？

一旦条件适宜，分飞孔全部打开，有翅成虫不断地从孔口中爬出，频频振翅，腾空飞翔。此时，

候飞室

白蚁的候飞室指有翅成虫从分飞孔爬出后，在分飞孔旁边振翅起飞的地方。

大量兵蚁爬至分飞孔附近守卫。分飞全过程 15 ~ 20 分钟。分飞完毕后，兵蚁和工蚁退回分飞孔内，由工蚁搬运土粒封堵分飞孔。

在白蚁分飞过程中，工蚁负责打开和关闭分飞孔；兵蚁负责御敌，以免外敌骚扰有翅成虫分飞或趁机经分飞孔进入蚁巢发动攻击。

可见，白蚁的分飞是一场有组织的、非常热闹的集体活动。

有翅成虫

成熟的白蚁群体内部，由若蚁完成最后一次蜕皮并发育成胸部着生 2 对完整长翅的一类成熟个体，具有较深的体色。

工蚁在封堵分飞孔。

白蚁为什么要分飞呢?

白蚁分飞的目的到底是什么呢?
出来见见世面?
出来呼吸新鲜空气?
都不是。

白蚁分飞的主要目的是种群扩张繁衍。

如果白蚁不扩大种群，其种群就会越来越小，甚至灭绝。

因此，在每年的特定季节，成熟蚁巢中有翅成虫会出现集中分飞的现象，通过分飞离开原先的巢体另建新巢，达到扩大种群的目的。

白蚁分飞后要配对

在白蚁分飞的时候，我们经常看到有些有翅成虫在地面相互追逐嬉闹的现象，这其实就是有翅成虫在“相亲”啦。

首先，有翅成虫分飞落地。然后，雌虫会在合适的位置翘起尾部，

分飞的有翅成虫

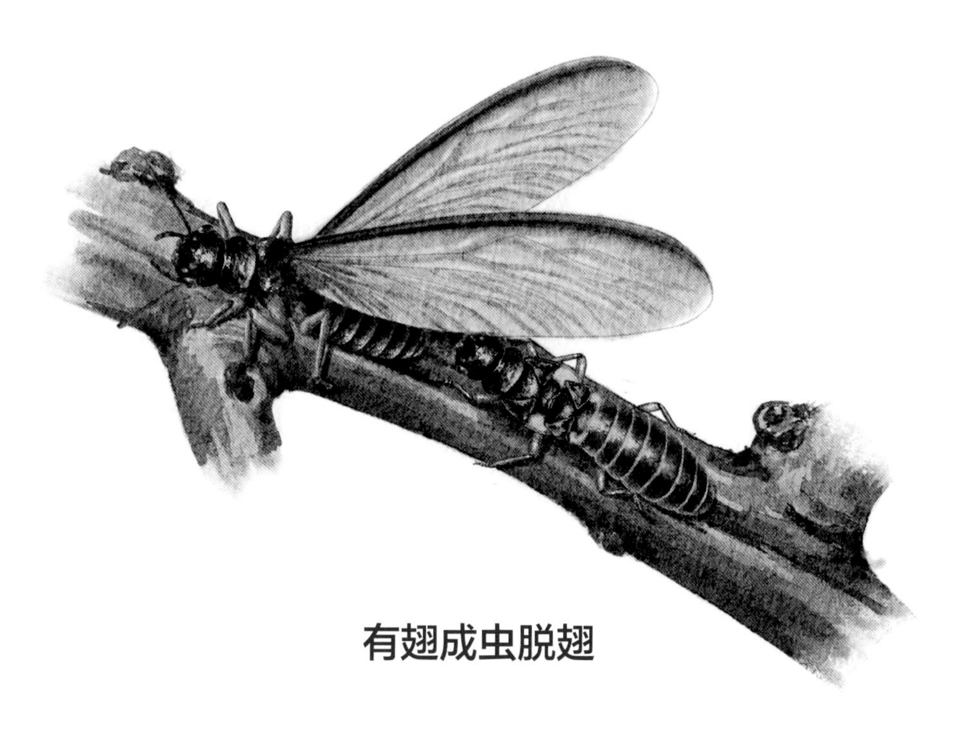

有翅成虫脱翅

从体内释放出一种能被同种异性个体接收并引起生殖行为反应的微量化学物质（即性信息素）。转眼间，就会有雄虫追随至此，雌虫立即放下翘起的尾部开始快速爬行，雄虫尾随雌虫前进。这种一前一后的追逐行为称为串联追逐。假如雄虫掉队，雌虫会停下并翘起尾部，继续引诱雄虫。最后，如果雌虫接受雄虫，则串联追逐结束，配对成功。

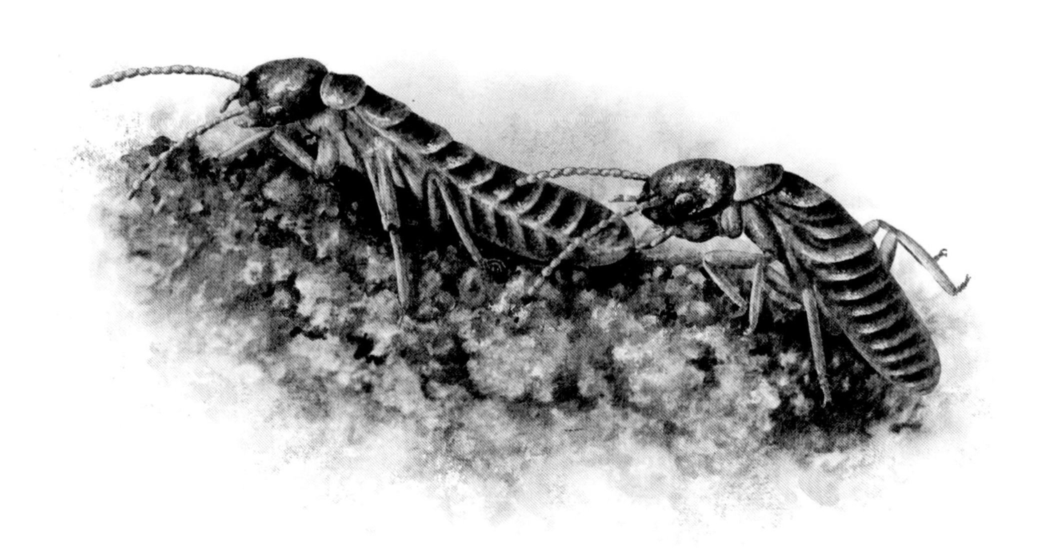

串联追逐

配对成功、筑巢

白蚁分飞后要建巢

有翅成虫配对成功后，为了交配繁衍，必须建造“婚房”。

如果没有属于自己的“婚房”，就无遮风挡雨之处，也不能生存下去，更谈不上种群扩张繁衍了。

根据营巢性，可将白蚁分为土木栖性、木栖性和土栖性 3 种类型。

土木栖性

可以筑巢于土壤或砖墙空隙中，也可以筑巢于木材或活树的树头和树干中，或者一个巢群可以两者兼而有之，如一部分在地下土中，另一部分在木材中。

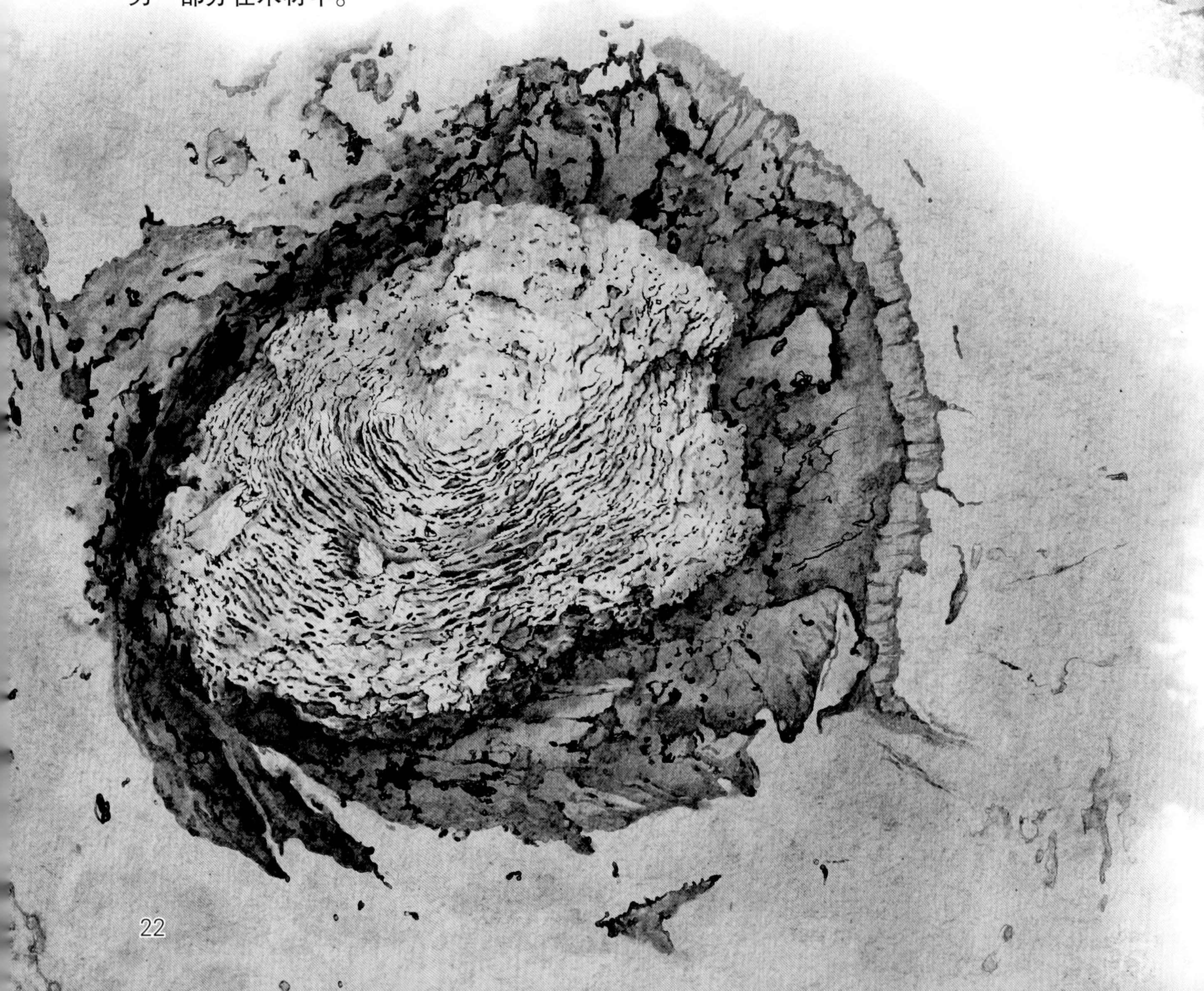

木栖性

木材是此类白蚁的唯一栖居场所，巢穴和白蚁群体都在木材中，不能离开木材，否则就无法生存。

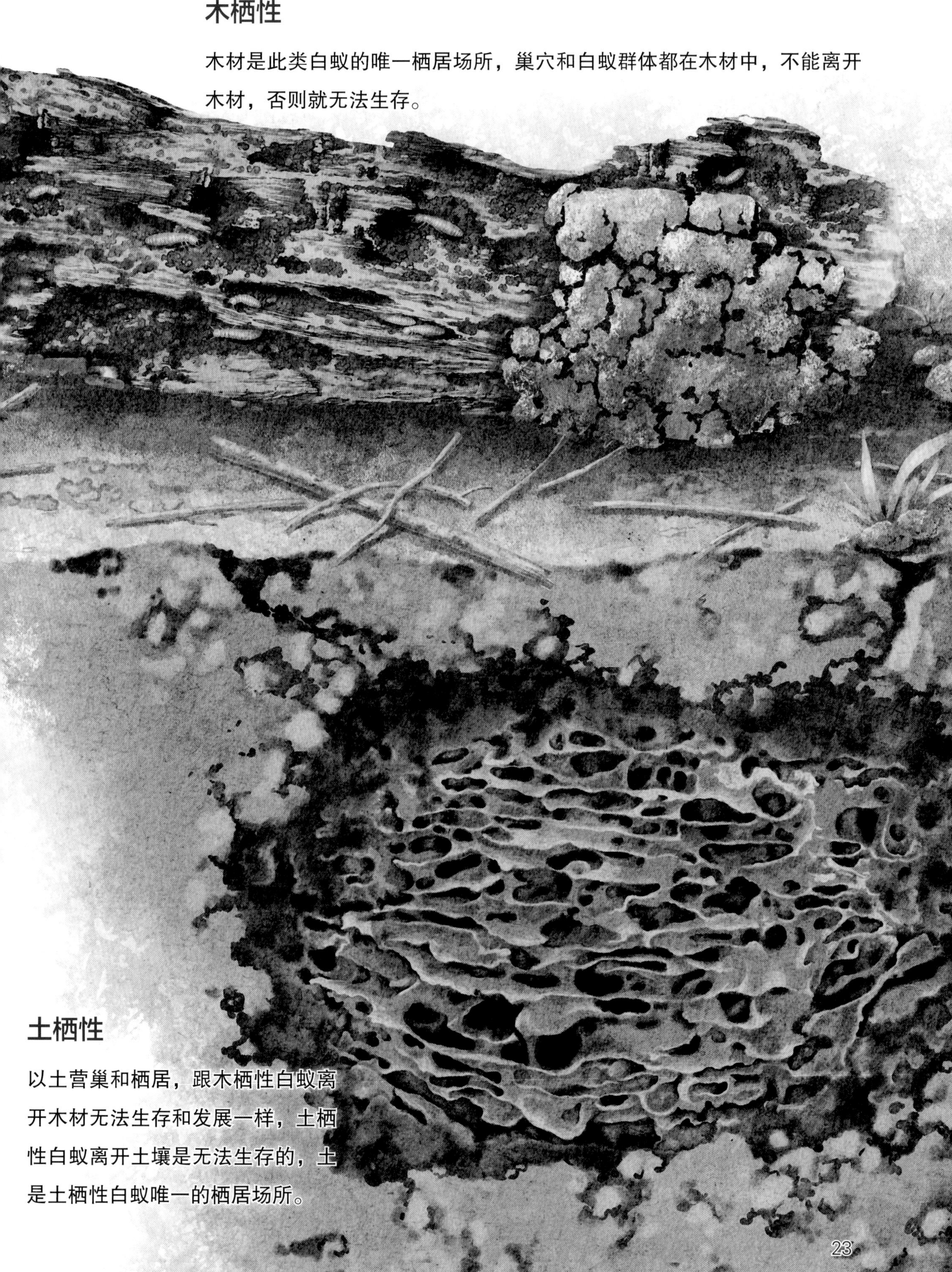

土栖性

以土营巢和栖居，跟木栖性白蚁离开木材无法生存和发展一样，土栖性白蚁离开土壤是无法生存的，土是土栖性白蚁唯一的栖居场所。

白蚁分飞后要交配繁殖

有翅成虫筑巢定居后，它们就要开始准备“生儿育女”了。

通常雌雄有翅成虫交配后的 10 ～ 15 天，雌性有翅成虫开始产卵。此时，雌雄有翅成虫正式成为新巢中的蚁后和蚁王。

蚁后和蚁王日夜相随、终生相伴，经常交配和产卵，逐步增加家族成员数量。

3 个月左右，巢架形成了，标志着真正意义上的白蚁巢正式形成。

蚁后

指蚁巢中专门产卵繁殖后代的雌性成虫。通常情况下 1 个巢体中仅有 1 头蚁后，但在部分巢体中也发现存在多头蚁后的现象。

蚁王

指蚁巢中专门与蚁后交配的雄性成虫。通常情况下 1 个巢体中仅有 1 头蚁王。

幼蚁

指从蚁后产出的卵中孵化出来的个体。

若干年后，蚁巢发展至成熟阶段时，有翅成虫又开始出现并分飞。周而复始。

白蚁能“清理”枯枝落叶、树桩、残根，并将其转化成腐殖质，有利于其他植物的生长；在地下筑巢、修筑隧道，在地面筑路等活动，有利于改良土壤的理化性质，从而促进物质和能量循环。因此，白蚁在自

然生态系统中有着不可或缺的地位。促进人与自然和谐共生是人类永恒的课题，不断认识白蚁，与白蚁和谐相处也是课题内容之一。

延伸阅读

1. 白蚁和蚂蚁的区别

在日常生活中，很多人常常将白蚁和蚂蚁混为一谈，认为白色的蚂蚁就是白蚁，这其实是错误的。白蚁和蚂蚁存在诸多差异。

白蚁：前后翅等长，翅长远超过体长，翅脉复杂。

蚂蚁：前翅大于后翅，翅长略等于体长，翅脉简单。

② 触角不同

白蚁：触角为念珠状。

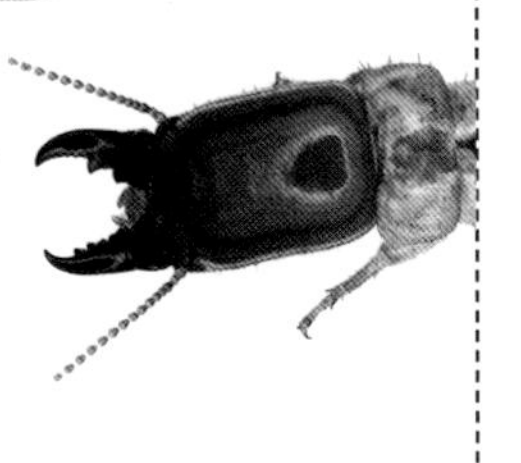

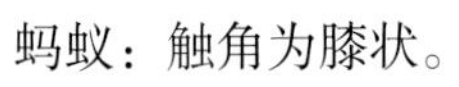

③ 胸腹结节不同

白蚁：胸腹间无结节。

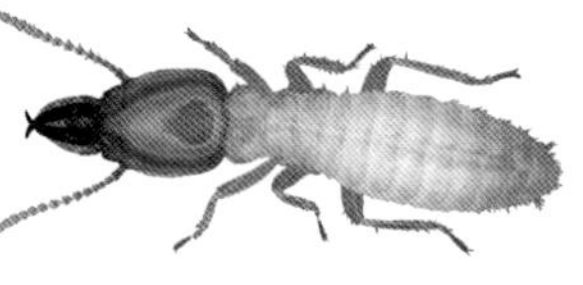

蚂蚁：胸腹间有1～2个结节。

④ 食性不同

白蚁：取食木材和含木质纤维素物质，一般不贮粮。

蚂蚁：杂食或肉食性，有贮粮习惯。

⑤ 活动习性不同

白蚁：大部分种类畏光，外出觅食修筑蚁路。

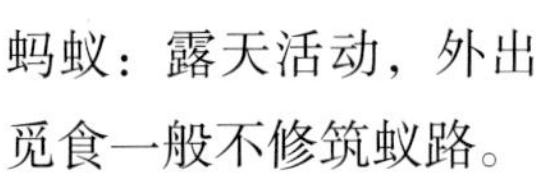

⑥ 交配行为不同

白蚁：成虫分飞落地后追逐交配，长期共同生活，经常交配。

蚂蚁：在飞行中交配，一生只交配1次，交配后雄虫便死亡。

2. 白蚁的分飞通道

白蚁分飞的通道结构非常复杂，由主道、分道、支道、分路室、候飞室和分飞孔组成。

主道、分道及支道之间的交接处均修筑有一个小腔室，称为分路室，是有翅成虫分路前暂停休息之处。

有些种类白蚁的分飞孔下方有一个扁平腔室，是有翅成虫在等候分飞时的临时停留场所，称为候飞室。

修筑候飞室的过程中，在接近地表处开一个小孔，但用小土粒黏结或堆积封口，待分飞时才打开，称为分飞孔。

3. 白蚁的筑巢方式

（1）土木栖性

平日里，我们在小区绿化植物或林区树木树干上，常看见长长的线条状或块状的泥巴，称为泥线。捅破后就能看见有很多白蚁在里面活动。

这就是典型的土木栖性白蚁的蚁路，是白蚁觅食时修筑的临时性结构，极易辨认。

但是白蚁的主巢却很难找到哦。

因为这类白蚁既可在土壤、砖墙空隙中筑巢，也可在木材、活树和埋在土中的木材内筑巢，如乳白蚁属和散白蚁属。这类白蚁是房屋建筑和园林植物的主要害虫，危害性极大。

（2）木栖性

你有见过木制古建筑、高档木制家具下有一小堆颗粒状物的情形吗？

这就是木栖性白蚁的排泄物了。

这类白蚁仅在干枯木材、房屋建筑的干枯木构件、野外倒木中筑巢。蚁巢结构简单，实际上只不过是在木材中钻蛀一些孔道，孔道往往近乎平行排列，而且孔道较细小。巢体没有固定结构和稳定位置，蛀蚀的孔道就是主巢了，如堆砂白蚁属、树白蚁属等的蚁巢。

（3）土栖性

平日里，我们在田间地头或林地经常看见地表上有一个较高的圆柱形、塔楼形或圆锥形等形状的土垄，捅破后会看到很多白蚁在活动。这就是典型的土栖性白蚁修筑的蚁巢了。

这类白蚁的蚁巢通常会依土而建，可以靠近树木根部或隐藏在土中的木材，也可以完全不靠近木材而在土中。

根据土栖性蚁巢位置的不同，还可将其分为地下巢和地上巢呢。

①地下巢：有些白蚁完全在地表下修筑的蚁巢，在地面上不露蚁巢的痕迹。如黄翅大白蚁和黑翅土白蚁的蚁巢。

②地上巢：有些白蚁修筑的隆凸于地表之上的蚁巢。如云南土白蚁和黄球白蚁的蚁巢。

4. 白蚁的蚁巢结构

土栖性和土木栖性白蚁的蚁巢结构通常较木栖性白蚁的蚁巢结构复杂。

土栖性和土木栖性白蚁的蚁巢由木屑、叶片、草料、土粒、白蚁尸体、白蚁排泄物及唾液等黏合构成，有固定的巢形，且有主巢和副巢之分。

主巢是在蚁巢中央部分有龟形厚壁的坚硬土腔，专供蚁王、蚁后居住，亦称王宫（或王室、王台）。副巢是白蚁在主巢附近分散建造的巢体。蚁王、蚁后一直居住在主巢内，其他品级居住在副巢内。主巢壁上有少量的小孔，供伺候蚁王和蚁后的工蚁和兵蚁出入。

每个蚁巢均有若干条通向巢外的通道，作为工蚁、兵蚁进行巢外和主副巢间活动往返的通道，称为蚁道。邻近蚁巢处的蚁道比较粗大，数量较少。离巢愈远的地方，蚁道口径愈小，分支也愈多。

5. 白蚁的品级和分工

白蚁分为生殖品级和非生殖品级 2 类。

（1）生殖品级

在巢群中负责繁殖后代的品级称为生殖品级。生殖品级依其来源和形态，可分为长翅型、短翅型和无翅型 3 个品级。

①分飞的有翅成虫即为长翅型生殖品级。

②当长翅型蚁王、蚁后死亡后，巢内发育出的替代蚁王、蚁后的个体，称为短翅型生殖品级。这类生殖品级的个体由于未分飞而直接繁殖，因此只有短小翅芽，没有因翅脱落残留的翅基。

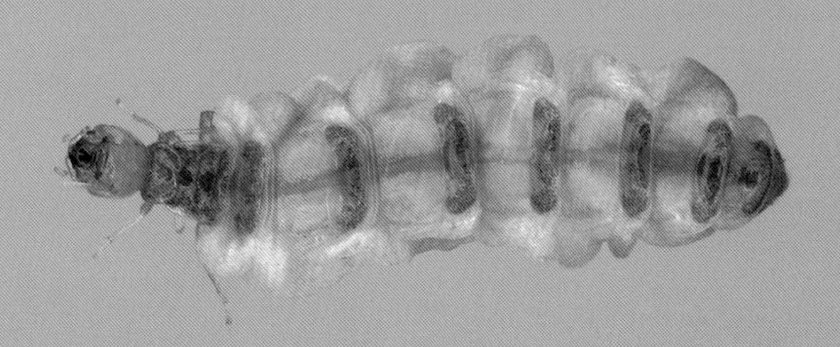

③当长翅型和短翅型蚁后丧失繁殖能力后，巢内发育出的替代它们继续繁殖后代的个体，称为无翅型生殖品级。这类品级由不具翅芽的工蚁或幼蚁蜕变而成，所以无翅芽。

（2）非生殖品级

在巢群中没有生殖能力的品级称为非生殖品级，包括工蚁和兵蚁。

①工蚁在蚁巢中数量最多，占总数的 80% ～ 90%，负责取食、筑巢、筑路、运卵、清洁、吸水和饲喂蚁王、蚁后、兵蚁、幼蚁等工作。

②兵蚁负责整个巢群的“安保”工作。

部分白蚁种类的兵蚁头部宽大，多负责在巢体的出入口抵御外敌的入侵，属于物理防御。

部分白蚁种类的兵蚁上颚强大，是攻击外敌的利器，属于机械防御。

部分白蚁种类的兵蚁上颚退化，但额部却向前特化呈管状或锥状，其尖端有开口，能分泌酸性有毒的黏液，用于御敌，属于化学防御。